КАК ПОСТРОИТЬ ГЛОБАЛЬНУЮ ЦЕПОЧКУ ПОСТАВОК ДЛЯ ВАШЕГО БИЗНЕСА

РУКОВОДСТВО ДЛЯ НОВЫХ И ОПЫТНЫХ ПРОФЕССИОНАЛОВ О ТОМ КАК «СТАТЬ ГЛОБАЛЬНЫМ» С ВАШЕЙ ЦЕПОЧКОЙ ПОСТАВОК

ОТКАЗ ОТ ОТВЕТСТВЕННОСТИ

Никакую часть этой электронной книги нельзя передавать или воспроизводить в любой форме, включая печатную, электронную, ксерокопированную, сканированную, механическую или написанную без предварительного письменного разрешения автора.

Это произведение творческой научной литературы. Руководящие принципы изображены в меру авторской интуиции и опыта. Вся информация в этой книге верная, но некоторые имена и опознавательные детали были изменены для защиты конфиденциальности вовлеченных людей.

Эта электронная книга написана только для информационных целей. Были приложены все усилия, чтобы эта электронная книга была как можно более полная и точная. Однако в типографике или содержании могут быть ошибки. Кроме того, эта электронная книга предоставляет информацию только до даты публикации, поэтому она может не включать некоторые информации о бизнесе автора и его опыте.

Автор и издатель не гарантируют, что информация, содержащаяся в этой электронной книге, полноценная и не несут ответственности ни за какие ошибки или упущения. Автор и издатель не несут ответственности ни перед кем, физическим или юридическое лицом, по отношении любых убытков или ущерба, прямо или косвенно, причиненных или предположительно вызванных этой электронной книгой.

ОГЛАВЛЕНИЕ

РУКОВОДСТВО ДЛЯ НОВЫХ И ОПЫТНЫХ ПРОФЕССИОНАЛОВ О ТОМ КАК «СТАТЬ ГЛОБАЛЬНЫМ» С ВАШЕЙ ЦЕПОЧКОЙ ПОСТАВОК

Об авторе

Сергио Ретамал - генеральный директор Global4PL, компании, занимающейся операциями го цепочке поставок и оказывающей консалтинговые услуги, которая помогает организациям увеличивать междунсродные продажи, улучшать соблюдение нормативных требований и полностью раскрывать свой операционный потенциал. Globat4PL предоставляет услуги IOR-EOR более чем в 168 странах, технологические решения и консультационные услуги по цепочке поставок. Карьера Сергио насчитывает более 25 лет в области управления закупками и цепочками поставок. Его профессиональный опыт включает руководящие должности в США, Азии, Европе и Латинской Америке.

О книге

Эта книга - руководство, как стать экспортером из США. В ней очень подробно описаны различные типы ситуаций, которые могут привести к проблемам в мире экспорта. Далее описывается, как можно преодолеть эти проблемы.

Эта книга - одноразовый манифест о том, как стать опытным экспортером, и полное руководство, необходимое для того, чтобы шагнуть в мир экспорта. Если вы хотите стать экспортером, но не знаете, с чего начать, Сергио Ретамал вас поддержит. Даже те, кто уже знает, как экспортировать и уже работают в отрасли, могут извлечь ценные уроки из этой короткой, но действенной книги.

КАК ПОСТРОИТЬ ГЛОБАЛЬНУЮ ЦЕПОЧКУ ПОСТАВОК ДЛЯ ВАШЕГО БИЗНЕСА

РУКОВОДСТВО ДЛЯ НОВЫХ И ОПЫТНЫХ ПРОФЕССИОНАЛОВ О ТОМ КАК «СТАТЬ ГЛОБАЛЬНЫМ» С ВАШЕЙ ЦЕПОЧКОЙ ПОСТАВОК

ВСТУПЛЕНИЕ

Еще пару десятилетий назад логистика вряд ли была бы упомянута в долгосрочном планировании даже самых крупных компаний. Сегодня стратегическая роль цепочки поставок признается почти каждой организацией. Сейчас мы живем в сетевой, распределенной экономике, которая носит глобальный характер и характеризуется динамичными деловыми отношениями. Ни одна организация, будь то фирма, некоммерческая организация или государственное учреждение, не может выжить в одиночку. Организации полагаются на отношения с другими организациями в современном деловом мире. Под цепочкой поставок понимается тесно связанная поддерживающая сеть, которая конкурирует с другими сетями. Основные силы, которые позволяют этим сетям расти, - это расширение охвата и простота доступа к ИТ и коммуникационным технологиям. По мере усиления конкуренции эти факторы становятся жизненно важными для выживания каждой организации.

Каждый день продукты доходят до клиентов после долгих путешествий с многочисленными коммерческими структурами, вовлеченными в производство и распространение. Например, ноутбук может быть разработан в США, произведен в Китае и отправлен потребителю в Австралию.

Хотя это только один простой пример, большинство продуктов в большинстве розничных магазинов перемещаются по глобальной цепочке поставок. Кроме того, информационные технологии и коммуникационные каналы создают новые возможности. Новые рынки развиваются, глобальная торговля расширяется, и на сегодняшний день большое внимание уделяется сохранению окружающей среды. Глобальная цепочка поставок достаточно быстро реагирует на эти изменения, и играет жизненно важную роль в их решении.

Эта электронная книга основана на основных принципах управления цепочкой поставок и выводит это на следующий уровень, сосредоточившись на том, как компании могут выйти на мировой уровень. Это не касается всех аспектов цепочки поставок, но мы сосредоточимся на областях, представляющих текущий интерес, в том числе как должны быть рассмотрены изменения и способы решения ключевых проблем.

Между академическими знаниями и профессиональными знаниями всегда есть разрыв. Эта электронная книга пытается заполнить эти пробелы. Все упомянутое в этой книге основано на моем опыте в международной торговли: как я развивал свой бизнес логистики на глобальном уровне и мой путь к успеху. Следовательно, все аспекты обсуждаемые в этой электронной книге практичны и проверены.

Что касается целевой аудитории, эта электронная книга в основном написана для миллионов деловых людей, гуру развития и владельцев бизнеса, которые хотят выйти на мировой рынок или расширится в глобальном масштабе. Кроме того, эта электронная книга может дать представление любому специалисту по цепочке поставок или студенту, ищущему практические и современные знания по этой теме.

ГЛАВА ВТОРАЯ

ЗА ПРЕДЕЛАМИ США КЛИЕНТОВ БОЛЬШЕ, ЧЕМ В США

Не зависимо от того, насколько мал ваш бизнес, возможностей много начать продавать товары и услуги за границу. На сегодняшний день значительная часть США экспорта приходится на малый и средний бизнес. Между 2005. и 2013. годом было зарегистрировно заметное увеличение на 28%, количества малых и средних фирм США, экспортирующих, по крайней мере на один, международный рынок.

Стоит отметить, что 97% экспортеров США сегодня составляют малый бизнес и предприятия (МСП) со рабочим коллективом в котором меньше 500 человек. Фактически, у 75% экспортеров США менше 20 сотрудников. Это помогает объяснить, почему 7 из 10 новых рабочих мест в США создаются малым бизнесом. В то же время цифровые преобразования усугубляют эту тенденцию, с экспоненциальной скоростью. Если вы в Интернете с глобальным маркетингом и рынком и платформой которая обслуживает и принимает заказы, продажа за пределы международных границ становится намного легче. Чтобы еще больше расширить охват, вы можете перевести ключевые страницы веб-сай-а вашей компании на несколько языков. С небольшой инвестицией, вы можете интегрировать решение платежного шлюза для ваших клиентов которые пользуются кредитными карточками. Таким образом, вы можете легко присоединиться к игре без необходимость проводить слишком много лет в бизнесе или слишком много инвестировать.

Имея выбор между множеством решений для электронной коммерции, в том числе различные торговые площадки B2B и B2C, вести бизнес по всему миру стало проще чем когда-либо.

Вы можете быстро создать привлекательную виртуальную витрину и что еще важнее, подключиться к глобальной армии покупателей. Помимо платежных решений, эти платформы помогут вам найти грузоотправителя, который также может облегчить процесс и справиться с необходимой документацией. Многие грузоотправители также предлагают экспедирование грузов и услуги таможенного брокера, консультации по международному бизнесу, калькуляторы затрат и финансовых параметров. Это очень просто: ваши товары заберут из вашего местоположения и доставят в любую точку мира.

По мере роста ваших продаж некоторые крупные платформы электронной коммерции позволяют вам хранить большое количество ваших самых продаваемых продуктов в их центрах исполнения. Поскольку эти предметы проданы и доставлены клиентам, вы можете обеспечить больше запасов в центрах. Таким образом уйдет меньше затрат на доставку чем если бы вы делали доставки товаров по штучно. Также повышается эффективность выполнения заказов.

Если эти каналы продаж не подходят или ваш продукт имеет более индивидуальный подход, вы можете посетить торговые выставки в США - физически или виртуально - места, куда приезжают потенциальные международные покупатели, чтобы приобрести товары в США. Организаторы события также могут сотрудничать с государственными органами, чтобы познакомить вас с иностранными покупателями. Эта услуга называется индивидуальным подбором деловых партнеров. Точно так же вы можете захотеть посещать аналогичные мероприятия в других странах, где сеть посольств вашей страны поможет вам создать новый бизнес, экономя много времени и денег. С помощью тех же государственных учреждений вы можете найти покупателей и встретить клиентов из более чем 100 стран.

Помимо этих видов каналов продаж, существует множество других вариантов. Если у вас маленький бизнес, и вы хотите продавать на нескольких зарубежных рынках, глобальная торговая система идеальный вариант, предлагающий несколько каналов маркетинга и продаж. Тем не менее, многие экспортеры США предпочитают продавать только на одном зарубежном рынке - в Канаде.

Хотя малые предприятия вносят основной вклад в экспорт США, большинство из них не продает более чем в одной стране. Действительно, чем меньше компания, тем меньше вероятность, что она будет продавать в более чем одной стране. Есть много причин, по которым владельцы малого бизнеса решили не выходить за пределы международных границ. Давайте рассмотрим некоторые из них.

НЕ НУЖНО БОЯТЬСЯ ЭКСПОРТА, ЕСЛИ ВЫ ВСЕ ДЕЛАЕТЕ ПРАВИЛЬНО

Основная причина, по которой большинство малых компаний не экспортирует больше, - это страх перед неизвестностью. Американский бизнесмен считает, что экспорт в Канаду менее рискован, чем продажа в Индию или Гонконг. Поскольку Канада находится в непосредственной близости от США, у них общий язык, аналогичные правила и правовая система, это кажется более безопасным. Тем не менее, есть многие американские компании которые успешно продают товары в других странах!

Эти фирмы не только осознали потенциал зарубежных рынков, в том числе Азии, но что более важно, они знают, что нужно, чтобы воспользоваться этими возможностями. Тщательное планирование и поиск нужной помощи, включая агентство для продвижения государственного экспорта, могут открыть бесчисленные возможности.

Если вы действительно хотите, чтобы все работало в вашу пользу, развивайте свою Экосистему глобального предпринимательства. Экосистема глобального предпринимательства относится к вашей сети ключевых контактов, которые помогают вам в росте международных продаж.

Эта сеть может включать международные торговые группы на платформах социальных сетей, таких как LinkedIn, ваш местный Всемирный торговый центр, центры развития малого и среднего бизнеса, ваша местная торгово-промышленная палата, коммерческая служба США, сотрудничество с авторитетным университетом, Управлением международной торговли вашего штата или аналогичными ресурсами.

Важно рассмотреть возможность экспорта, независимо от размера вашего бизнеса.

ГЛАВА ТРЕТЬЯ

ПОЧЕМУ ВЫ ДОЛЖНЫ ЭКСПОРТИРОВАТЬ?

С падением торговых барьеров и ростом торговой активности беспрецедентными темпами, внутренний рынок становится чрезвычайно конкурентным, особенно из-за входящих иностранных игроков. Чтобы справиться с этой конкуренцией, предприятиям необходимо одновременно исследовать другие рынки для своих продуктов и услуг, при этом лучше конкурируя на своих местных рынках. Рынок США составляет только 5% мировых потребителей. Не обращаться к оставшимся 95% глобального рынка - представляет огромную потерю для любого бизнеса. Даже если вы получаете выгоду от регионального роста, диверсификация клиентской базы за счет выхода на новые зарубежные рынки стоит затраченных усилий.

Несмотря на текущую неопределенность, связанную с глобальным распространением COVID-19 пандемии, Всемирный банк прогнозирует, что мировая экономика достигнет 72 триллионов долларов к 2030 году, при этом экспорт из США будет ежегодно расти на 10%. Ваши продукты или услуги могут легко стать частью этого роста, который в значительной степени подпитывается потребителями в Индии, Китае и других странах с растущей экономикой. Мировой рынок невероятный поток доходов для предприятий любого размера в США.

Владельцы малого бизнеса часто задумываются, почему кто-то из другой страны будет покупать их продукцию. Удивительно, но среди удачных экспортных предприятий, немногие продают уникальные и удивительные продукты. Скорее, большинство предприятий начинали с товаров повседневного спроса, но полагалис на превосходный маркетинг и обслуживание клиентов. Они были увлечены глобальным расширением, обладали прочными основами бизнеса и знали как заключить сделку. В одном из таких бизнесов, который называет себя «микро транснациональной корпорацией», работает всего 40 сотрудников, но она продает товары примерно в 60 странах.

Выход на глобальный рынок расширяет кругозор компании и увеличивает навыки и знание всех, кто работает в ней. Появляется автоматический преобразовательный эффект который влияет на всех членов организации, расширяя их знания о мировой экономике и помогая развивать отношения международных масштабов, и все это открывает больше возможностей. Глобальное расширение бизнеса требует времени и приверженности, но как только оно становится стабильным, бизнес готов к быстрому росту и повышению профессиональной эффективности. На данный момент вы движетесь в правильном направлении.

Изучение других культур и определение их потребностей, выяснение того, как удовлетворить эти потребности, формирование новых отношений и решение новых бизнес-задач приводят к улучшению процессов, а также самих продуктов или услуг, которые, в свою очередь, делает их более конкурентоспособными на всех рынках. Более того, удовлетворение потребностей разнообразной клиентской базы очень полезно.

Если ваш продукт или услуга ранее хорошо продавались в США, но теряет долю рынка, для более технически подкованных продуктов может по-прежнему существовать значительный экспортный рынок. Это связано с тем, что потребители в других странах могут быть не в состоянии позволить себе дорогие высокотехнологичные продукты или могут не нуждаться в новейшей технологии. В большинстве случаях самые последние и продвинутые новинки технологии, страны третьего мира ждут годами. Следовательно, вам не следует отказываться от экспортной стратегии только потому, что продажи продукта в США снижаются.

В то же время, если вы решите не выходить за пределы международных границ, вы увеличите риск снижения продаж для вашего бизнеса. Проще говоря, из за легкости продаж на международном уровне на сегодняшнее время, весьма вероятно, что ваши конкуренты уже начали продавать за границей или скоро выйдут на международный рынок. Они смогут пользоваться всеми преимуществами вышеупомянутого экспорта, оставляя вас вне конкуренции. Бизнесы которым не удается извлечь выгоду из экспорта, будет труднее идти в ногу с новыми идеями, технологией и улучшениями продуктов. Экспортеры получают огромное количество поддержки со стороны государственных структур, потому что они вносят вклад в экономику государства. Ваши растущие конкуренты получат выгоду от государственной помощи и договоры о свободной торговле, что уменьшит их шансы выйти из строя, независимо от их размера.

Таким образом, несмотря на то, что 58% экспортеров США продают товары только на одном зарубежном рынке, т.е. в Канаде, в США существует множество небольших предприятий, продающих товары большему количеству стран, и эта цифра больше чем количество их сотрудников в организации! Это те, кто проходит стремительный рост продаж, так как основная часть выручки поступает с зарубежных рынков. Вы можете очень легко стать одной из этих "мини-транснациональных корпораций".

ГЛАВА ЧЕТВЕРТАЯ

РАЗРАБОТКА ЭКСПОРТНОЙ СТРАТЕГИИ

ЛИЦЕНЗИРОВАНИЕ И ПРАВИЛА

Первый вопрос, который приходит на ум каждому, кто задумывается об экспорте - нужна ли экспортная лицензия. Хотя все экспортные товары регулируются постановлениями правительства США и законами об экспортном контроле., для более 95% экспортируемых товаров не требуется экспортная лицензия. Однако даже если для ваших товаров не требуется экспортная лицензия, это не значит, что вы можете продать их кому угодно в любом месте расположения. Законы и правила правительства об экспортном контроле определяют, кому вы можете продавать свою продукцию и в какие страны вы можете экспортировать.

Например, некоторые продукты двойного назначения, которые подходят как для коммерческих так и для социальный и военных назначений, а также боеприпасы подпадают под действие Правил экспортного управления США (EAR). Список контроля торговли EAR (CCL) определяет все товары, подпадающие под действие EAR, и устанавливает экспортный классификационный номер (ECCN) каждому. Если вашего продукта нет в списке CCL, но он подпадает под юрисдикцию Министерства торговли США, он классифицируется как EAR99, для которого обычно не требуется экспортная лицензия. А экспортная лицензия Бюро промышленности и безопасности (BIS) может быть обязательной для продукта EAR99 в зависимости от страны, в которую вы экспортируете, конечного покупателя, или даже конечного использования продукта.

Эти меры экспортного лицензирования важны для национальной безопасности США, ядерного нераспространения, внешней политики, борьбы с преступностью, борьбы с терроризмом и региональной стабильности.

Как обеспечить соблюдение

Одна из стратегий обеспечения соблюдения - создание Программы экспортного управления и соблюдения (EMCP). Это позволяет вам изучить каждую часть информации, связанной с соблюдением требований, и проанализировать свои экспортные решения, чтобы превратить их в интегрированную и хорошо организованную систему.

Начните с посещения веб-сайта BIS (www.bis.doc.gov) и изучения 10 основных элементов EMCP. Изучая эти элементы, изучите также требования EAR к ведению записей. Если ваш ассортимент продукции включает сотни наименований, составьте письменный план соблюдения требований. Помимо изучения онлайн-публикаций и видеороликов BIS, подумайте о посещении специальных семинаров по экспортному контролю и EAR, чтобы быть в курсе любых новых обновлений.

Для обучения обратитесь в местный офис коммерческой службы США или просто посетите BIS интернет сайт. Вы также можете напрямую связаться с BIS для получения рекомендаций по разработке плана согласия и помощи в оценке окончательного плана.

Стратегия соблюдени

Ваша система управления запасами должна содержать поле для информации о классификации для каждого предмета. Создайте дополнительное поле, в котором вы можете добавить конкретные лицензионные требования для каждого продукта и название стран, для которых EAR ограничивает экспорт этого товара.

Прежде чем добавлять продукт в свой ассортимент, спросите у своего поставщика (-ов) информацию о классификации продукта и введите ее в соответствующее поле. Однако не следует полагаться исключительно на информацию, которую предоставляют ваши поставщики. Работайте в тесном сотрудничестве с ними, чтобы узнать, как они определили номер ECCN для каждого продукта. Однако имейте в виду, что вы несете ответственность за соблюдение требований по отношении любого экспортируемого продукта.

Ваша экспортная документация, такая как коммерческий счет, должна включать экспортную классификацию и номера лицензий. В EAR также перечислены определенные тиги экспорта в разделе 758.1, для которого вы должны подать соответствующую информацию об электронном

экспорте в Автоматизированную систему экспорта, независимо от места назначения или стоимости. Аналогичным образом, для некоторых отправлений EAR основные перевозчики и почтовая служба США обычно требуют, чтобы вы вводили «NLR» (лицензия не требуется). Важность классификации в соответствии с EAR невозможно переоценить, учитывая, что если в вашей системе управления запасами нет обозначения ECCN или EAR99 для элемента(ов), то он не подходит для экспорта. Ваша система управления запасами должна быть достаточно сложной, чтобы немедленно отмечать любые проблемные заказы, особенно те, которые подлежат EAR. Вы просто не можете позволить себе совершать ошибки, когда дело касается соответствия EAR, независимо от того, соответствуют ли ваши товары EAR99 или ECCN.

Соблюдение правил по оружию

Если вы производите или продаете оборонные товары или услуги, вам необходимо особенно хорошо разбираться в правилах международной торговли оружием (ITAR), которые регулируют продажу этих товаров.

Для начала обратитесь к Части 121 ITAR, чтобы узнать, включен ли ваш продукт в Список боеприпасов США (USML). Если да, то вам нужно будет тщательно изучить лицензирование ITAR на официальном сайте ITAR. Если вы попытаетесь экспортировать какой-либо элемент USML без получения необходимой лицензии, вы столкнетесь с серьезными проблемами.

Кому нельзя продавать?

Исходя из целей национальной безопасности и внешней политики США, вы не можете продавать товары определенным странам, компаниям и отдельным лицам. Список организаций, которым вы не можете продавать свою продукцию, ведется Управлением по контролю за иностранными активами Министерства финансов США (OFAC) и администрацией BIS, которые применяют торговые и экономические санкции по отношении этих организаций.

Как экспортер вы должны знать страны, организации и отдельные лица, которые входят в этот список. Вы даже можете нанять стороннюю фирму для отслеживания этих обязательств в режиме реального времени от вашего имени. Также доступны специализированные пакеты программного обеспечения, помогающие контролировать соответствие требованиям. Хотя ваш экспедитор может отмечать любые ошибки соблюдения, в конечном итоге вы несете ответственность за получение необходимых лицензий и соблюдение всех других нормативных требований.

ЭКСПОРТНЫЙ ПОТЕНЦИАЛ ВАШЕГО ПРОДУКТА

Следующим шагом после соблюдения требований является определение экспортного потенциала вашего продукта. Есть несколько способов оценить экспортный потенциал ваших товаров на международном рынке. Внутренние продажи вашего продукта - очевидный показатель. Если ваш продукт или услуга хорошо показали себя на рынке США, они могут иметь успех и на зарубежных рынках, особенно в регионах со схожими вкусами и предпочтениями. Оценить внутренние продажи легко, если вы планируете представлять производителя или сами являетесь оптовиком. Это даст вам хорошее представление о будущих перспективах, даже если вы планируете запустить стартап.

Кроме того, изучение характеристик вашего продукта - еще один способ оценить экспортный потенциал. Если характеристики продукта уникальны для зарубежного рынка и не могут быть легко воспроизведены, шансы на успех продукта довольно высоки. При небольшой конкуренции или ее отсутствии спрос на продукт на мировом рынке, вероятнее всего, будет высоким.

Однако это не означает, что вам следует отказываться от идеи экспорта, если ваш продукт не уникален. Многие товары и услуги имеют конкурентов на внешних рынках, но им удается добиться успеха с помощью различных тактик. Например, здравомыслящие бизнесмены позиционируют свою продукцию, исходя из динамики различных рынков. Один и тот же продукт, продаваемый с разными USP на разных рынках, работает одинаково хорошо. Точно так же продавцы используют другие методы, которые имеют мало общего с самим продуктом, например, безупречное обслуживание клиентов. Иногда простого факта, что продукт «Сделан в США» бывает достаточно, чтобы привлечь иностранных покупателей. Как я объяснял ранее, продавцы также извлекают выгоду из информации и контактов от GEE и государственной помощи. Наконец, колебания обменных курсов иностранных валют и соглашения о свободной торговле со странами часто могут сделать продукцию конкурентов более дорогой, тем самым помогая американским продавцам увеличить свою долю на рынке.

РАЗРАБОТКА ПЛАНА ЭКСПОРТА

Хотя вы должны начать с постановки целей и задач и определения ограничений и возможностей, более важно, чтобы ключевой управляющий персонал согласился с ними. Между тем, другие сотрудники, связанные с обработкой экспорта, также должны согласиться со всеми аспектами плана экспорта, поскольку в конечном итоге они будут нести ответственность за выполнение и реализацию плана.

Смысл разработки плана экспорта - сопоставить факты, цели, ограничения и подготовить заявление о действиях на основе этих элементов. При определении целей необходимо включить надлежащее планирование и отметку этапов, чтобы было легко измерить успех и поддерживать мотивацию каждого.

Обязательно включите в план экспорта следующую информацию:

- Потребности глобального рынка, связанные с вашей сферой деятельности;
- Продукты, которые вы планируете экспортировать, и если какие-либо из них необходимо изменить или адаптировать для зарубежного рынка;
- Нужна ли вам экспортная лицензия для какого-то товара;
- Целевые страны для развития экспорта;
- Базовый профиль клиентов в каждой целевой стране;
- Лучшие каналы маркетинга и продаж для каждой целевой страны;
- Потенциальные проблемы на каждом рынке, такие как ограничения свободной торговли, культурные различия, конкуренция и т. д. и стратегии борьбы с ними;
- Различные расходы на доставку, так как они будут определять экспортную цену выбранной продукции;
- Операционные шаги, которые необходимо предпринять с указанием конкретных сроков;
- График реализации каждого элемента плана;
- Персонал и ресурсы, которые будут направлены на экспорт;
- Стоимость внедрения каждого элемента;

- Процесс оценки и его эффективное использование для изменения плана в будущем;
- Любые изменения в упаковке или маркировке, которые могут потребоваться для адаптации к рынкам конкретных стран;
- Транспортные, импортные обязанности, налоги и другие расходы;
- Процедура защиты вашей интеллектуальной собственности, если требуется
- Любые изменения на вашем веб-сайте, которые помогут удовлетворить международных клиентов, например, добавление разных языковых версий или конвертера валют;
- Любые другие платформы электронной коммерции, на которых вы хотите продавать; и
- Стратегия маркетинга в социальных сетях.

Первая версия экспортного плана не обязательно будет длинным документом, поскольку изначально вы вряд ли будете располагать значительными рыночными данными. По мере того, как вы начинаете планировать, собирая больше информаций об экспорте и определяя свою конкурентную позицию на зарубежном рынке, будет генерироваться больше информаций, что приведет к более подробному и полному плану.

Если вы собираетесь экспортировать напрямую конечному пользователю, находящемуся за пределами США, все же рекомендуется подробный план экспорта. Однако, если вы намереваетесь осуществлять экспорт косвенно, например, через сторонний веб-сайт, план может быть довольно простым.

Независимо от того, насколько он простой или подробный, ваш план экспорта не должен быть статичным. Он должен быть достаточно гибким, чтобы смог терпеть быстрые изменения по мере того, как вы со временем получаете больше рыночной информации и аналитики. Кроме того, цели плана должны поддаваться измерению фактическими результатами, чтобы точно оценивать ваши стратегии.

Почему так важно иметь план экспорта?

Только одна треть малых и средних предприятий США имеет задокументированный экспортный план. Большинство малых и средних предприятий начинают экспорт в ответ на иностранный заказ, полученный через Интернет, и, вероятно, будут продолжать в том же духе, не исследуя и не создавая возможностей для себя. Без экспортного плана эти предприятия не имеют никаких планов по доходам или отдельных лиц для развития экспорта.

Отсутствие экспортного плана также способствует тому, что маленькие бизнесы упускает из виду возможности для получения прибыли. Неудивительно, что когда у вас нет эффективной маркетинговой стратегии на международной сцене и вы полагаетесь исключительно на реактивный подход, вы не получите много заказов, что может крайне демотивировать продавцов. В результате многие организации уклоняются от экспорта, полагая, что легче обслуживать местных клиентов или что не стоит прилагать усилия для продажи иностранным клиентам.

Без плана экспорта вы склонны воспринимать экспорт как должное. Напротив, если вы будете усердно работать, чтобы определить, как расширить свое глобальное присутствие и увеличить экспорт, вы будете принимать более обоснованные решения о распределении ресурсов и общей бизнес-стратегии, что увеличивает шансы на успех на международном рынке.

Кроме того, ваши сильные и слабые стороны более четко выражены в письменных планах, поэтому их труднее игнорировать или замалчивать. Кроме того, возможно, вам придется искать внешние источники финансирования, а это значит, что вам нужно будет предоставить план, когда вы будете обращаться в учреждения за финансированием.

Когда у вас есть план в письменной форме, становится очень легко передать его другим, например, новым сотрудникам. Кроме того, это упрощает распределение обязанностей между сотрудниками и отслеживание их работы. Четко определенные шаги в плане экспорта гарантируют долгосрочное обязательство по экспорту, сохраняя постоянство во времени. Наконец, поскольку письменный план поможет вам лучше подготовиться к заказам или запросам на продукцию, вы с меньшей вероятностью пропустите их.

ФАКТОРЫ, КОТОРЫЕ СЛЕДУЕТ УЧИТЫВАТЬ ПРИ ПРИНЯТИИ РЕШЕНИЯ ОБ ЭКСПОРТЕ

Перед выходом на мировой рынок необходимо учесть следующие факторы и включить их в план экспорта, чтобы избежать каких-либо проблем на любом уровне.

Производственная мощность

Проверьте текущие производственные мощности и удостоверьтесь, используются ли они полностью. Если да, вам, вероятно, потребуется больше инвестировать, чтобы облегчить дополнительное производство. Ваши внутренние продажи не должны пострадать в процессе выполнения международных заказов. Определите необходимый минимальный объем заказов и сколько затрат будет понесено для увеличения производственных мощностей. Это будет существенно зависеть от конкретного дизайна и упаковки продукции, производимой для экспорта. Перед началом производства экспортной продукции также важно отслеживать любые колебания существующей годовой рабочей нагрузки и учитывать их при планировании производственных мощностей.

Финансовые возможности

Еще одно важное соображение - это текущие финансовые возможности компании. Вам нужно будет выяснить, какие финансовые ресурсы можно направить на маркетинг и производство экспортных товаров. Это также должно помочь определить потребность во внешнем финансировании, например, от банков. После того, как вы выделили сумму для экспорта, вам нужно будет распределить ее на потенциальные первоначальные расходы. Также необходимо установить ожидаемую дату, к которой экспортный отдел должен начать окупаться, а также точку безубыточности. Документ ROI - это обычно используемый документ для определения финансовых целей. Наконец, выясните, имеете ли вы право на помощь в продвижении экспорта от федерального правительства и / или правительства штата или других организаций.

Стратегические цели

Высшее руководство должно знать о любом экспортном риске и поддерживать его. Кроме того, цели должны быть крепкими, например желание расширить клиентскую базу, чтобы сделать ее более стабильной или увеличить доход от продаж. Убедитесь, что существует законная причина, чтобы избежать любых негативных результатов.

Так же необходимо изучить приверженность высшего руководства экспорту. Если единственной целью экспорта является компенсация снижения продаж на внутреннем рынке, руководство может начать пренебрегать иностранными покупателями, когда продажи на внутреннем рынке снова начнут расти. Кроме того, чтобы избежать недоразумений следует четко задокументировать ожидания руководства относительно того, как скоро экспортный отдел станет безубыточным.

Распределение персонала

Перед распределением персонала вам необходимо определить имеющийся у вашей компании опыт работы с международными клиентами, в том числе знание языков и опыт продаж. После того, как у вас будет специальный персонал для экспортного отдела, назначьте менеджера, который будет контролировать и организовывать деятельность отдела. Распределение высшего руководства и итоговая организационная структура должны быть четко представлены, чтобы помочь определить четкие обязанности и удержать людей, ответственных за результаты.

ГЛАВА ПЯТАЯ

КАНАЛЫ В ГЛОБАЛЬНОЙ ЦЕПОЧКЕ ПОСТАВОК

Создавая глобальную цепочку поставок, компании должны выбирать между прямым или косвенным подходом к продажам на международном рынке.

Прямые продажи - это когда производитель напрямую работает с иностранным покупателем. Косвенная продажа - это когда производитель продает через экспортного посредника, такого как экспортная торговая компания (ETC) или компания по управлению экспортом (EMC). Многие оптовые торговцы США работают по этой модели, согласно которой оптовый торговец покупает товары у производителей, затем продает их иностранному покупателю, организует доставку и получает оплату. В этом примере право собственности на товары переходит к оптовику. Ответственность производителя заканчивается в момент продажи товара оптовику. Однако недостатком для производителя является то, что он продает продукцию с более низкой маржой прибыли, чем оптовый торговец, который получает более высокую маржу при продаже международным покупателям. Это может создать проблемы, если определенный продукт не продается на международном рынке.

Более целесообразной бизнес-моделью является модель, основанная на комиссионных, при которой посредник просто приглашает иностранных покупателей «к столу» и берет комиссию с производителя за каждую продажу. Передача права собственности на продукт не происходит. Гиганты розничной торговли, такие как Amazon, Alibaba и eBay, работают по аналогичной модели. Их распределительные предприятия стратегически расположены в разных частях мира, чтобы обслуживать международных покупателей, и они обрабатывают все документы, логистику, таможню и другие функции от имени продавцов. Решение о выборе модели прямых или косвенных продаж зависит от ресурсов, которые ваш бизнес готов выделить на экспорт.

Помимо этого, вам необходимо учитывать размер вашего бизнеса, характер товаров, которые вы планируете экспортировать, ваш перевоз товаров и возможности выполнения заказов, размер риска, который вы готовы нести, ваш опыт и знания в области обработки экспорта, бизнес-среду и конкуренцию в целевых странах, наличие ресурсов для развития экспорта и альтернативные затраты экспорта.

Не всегда есть четкий ответ, какого подхода следует придерживаться. Основываясь на факторах, указанных выше, вы можете начать с косвенных продаж и постепенно переходить к прямым продажам по мере того, как вы будете лучше понимать рынок, или использовать оба метода вместе. Некоторые продавцы одновременно продают иностранным покупателям через свой собственный веб-сайт, продают на сторонних платформах электронной коммерции и продают через ЕМС и агентов, которые находят для них покупателей.

РАЗЛИЧНЫЕ ПОДХОДЫ К ГЛОБАЛЬНОМУ РАЗВИТИЮ

То, какой «выход на мировой рынок» вы выберете, существенно повлияет на ваш экспортный план и сформирует вашу маркетинговую стратегию. Различные подходы к выходу вашего бизнеса на глобальный уровень различаются с точки зрения участия вашего бизнеса в экспортном процессе. Пройдемся по каждому из них по отдельности.

Продажа через местных покупателей

Для первоначального продавца этот метод ничем не отличается от продаж на внутреннем рынке. Они продают товары отечественным сторонам, которые определили потенциал продукта на внешнем рынке и берут на себя ответственность за обработку всех экспортных и других рисков. Многие продавцы даже не подозревают, что кто-то продает их товары за границей, потому что на их товары существует высокий спрос на международном рынке. Удивительно, но большинство экспортеров не производят продукцию сами. Они приобретают их у производителей, многие из которых даже не думали о выходе на мировой рынок. Некоторым компаниям известно о растущем спросе на их продукцию на мировом рынке, и они производят продукцию на экспорт, но не экспортируют сами.

Продажа местным предприятиям, представляющим иностранных

Многие организации представляют большое число иностранных покупателей и закупают товары у местных продавцов для удовлетворения их спроса. Эти организации включают местные и иностранные предприятия, генеральных подрядчиков, иностранные государственные учреждения и торговые компании, розничных торговцев и иностранных дистрибьюторов. Опять же, первоначальный продавец обычно знает, что его продукция будет экспортироваться, но не готов или не желает нести риски и дополнительные операции, связанные с экспортом. Они полагаются на одну или несколько из вышеупомянутых организаций, которые составляют большой рынок для различных товаров.

Продажа через посредников

Этот подход предполагает использование услуг посредника, который может найти иностранных клиентов для ваших продуктов или услуг. Этот подход отличается от двух вышеупомянутых подходов тем, что первоначальный продавец сохраняет значительный контроль над процессом продажи за рубежом. Также здесь высокий уровень прозрачности. Фактически, продавец также извлекает выгоду из доступа к подробной информации об иностранных конкурентах, передовых технологиях и новых рыночных возможностях.

Как объяснялось ранее, платформы электронной торговли являются одним из типов посредников, которые не только предоставляют глобальную платформу для продажи товаров в обмен на комиссию, но также предлагают доставку и обработку за определенную плату. Компания электронной торговли собирает платежи от клиентов от вашего имени и передает их вам в соответствии с заранее определенным платежным циклом.

Прямой экспорт

Продажа напрямую иностранным конечным пользователям - это наиболее выгодный, но самый сложный подход. От планирования до исследования рынка и распределения до сбора платежей, каждый аспект процесса экспорта обрабатывается первоначальным продавцом. Если продавец действительно хочет добиться успеха на международном рынке, он не может воспринимать экспорт как должное.

Для достижения желаемых результатов требуются значительные затраты времени и ресурсов. Вот почему этот подход считается наиболее полезным и может привести к стремительному росту и максимальной прибыльности. К счастью, этот вариант больше не ограничивается крупными корпоративными гигантами. Поскольку сегодня процесс экспорта стал проще, чем когда-либо, малые и средние предприятия успешно осуществляют экспорт. Тем не менее, правильное руководство и помощь являются ключевыми. Министерство торговли США, судоходные компании, государственные торговые представительства, международные банки, экспедиторы и другие предлагают рекомендации и ресурсы, чтобы помочь предприятиям «выйти на мировой рынок».

Прямой экспорт имеет несколько вариантов. Например, вы можете начать продавать иностранным клиентам через свой веб-сайт, если у вас есть портал для оплаты кредитной картой. Бизнес-модель франшизы также подпадает под прямой экспорт, но тогда вам нужно будет найти и поддержать надежного, опытного обладателя франшизы. Кроме того, вы можете осуществлять прямой экспорт по контракту, полученному от правительства США или иностранного государства. Это дает продавцу возможность установить больше контактов и увеличить продажи на международной сцене.

Несмотря на преимущества, связанные с подходом прямого экспорта, большинство американских предприятий полагаются на первые два косвенных подхода, ни один из которых не требует активного участия первоначального продавца. Тем не менее, если экспорт продолжит расти в будущем, он не будет отнесен на счет первоначальных продавцов, что лишит их каких-либо субсидий или помощи со стороны правительства или любой другой организации для содействия экспорту.

Поскольку эта электронная книга направлена на определение того, как вы можете построить свою глобальную цепочку поставок, я остановлюсь на последних двух подходах к выходу на мировой рынок.

Косвенный экспорт может быть подходящим для вашего бизнеса в зависимости от наличия ресурсов и уровня обязательств, которые вы можете предоставить. Все, что вам нужно сделать, это найти посредника, который будет заниматься экспортом от вашего имени. Но имейте в виду, что работа с посредником или ЕМС не исключает возможности прямого экспорта. Например, вы можете выбрать посредника для продажи в азиатские страны с высоким уровнем риска, рассматривая при этом прямой экспорт в Канаду и Мексику.

По мере накопления опыта и увеличения доходов вы сможете напрямую сотрудничать с другими странами. Это наиболее распространенный подход, который помог продавцам увеличить объем международных продаж по сравнению с продажами на внутреннем рынке. Также рекомендуется проконсультироваться с коммерческой службой США или другими специалистами по торговле, прежде чем применять тот или иной подход или использовать сочетание различных методов.

Рекомендации по распространению при прямом экспорте

При построении глобальной цепочки поставок обязательно учитывайте следующие аспекты распределения:

- Каналы распространения, которые следует использовать для продвижения ваших продуктов или услуг за границу;
- Расположение производственной площадки и ее соответствие зарубежным дистрибьюторам;
- Возможность открытия производственной площадки за рубежом рядом с целевым рынком; а также
- Наличие складских помещений на внешнем рынке для обеспечения более быстрой доставки конечным пользователям, снижения транспортных расходов и более короткой цепочки поставок.

Принимая непосредственное участие в процессе экспорта, вы можете лучше контролировать операции, установить более тесные отношения с зарубежным рынком и клиентами, получить выгоду от технологий и притока информации и, таким образом, повысить конкурентоспособность и прибыльность вашей компании.

Однако, в отличие от внутреннего рынка, глобальный рынок требует более сложных функций. Чтобы поддерживать эти функции, ваш бизнес должен перетерпеть значительные внутренние организационные изменения. Прежде чем вы начнете прямой экспорт, вам нужно будет выбрать международные рынки для проникновения и выбрать правильные каналы дистрибуции для каждого из этих рынков. Только после принятия этих решений, вы сможете начать налаживать связи и искать покупателей на зарубежном рынке, чтобы продавать свой продукт или услугу.

НЕОБХОДИМЫЕ ОРГАНИЗАЦИОННЫЕ ИЗМЕНЕНИЯ

Когда вы начинаете экспорт, вы будете действовать с той же организационной структурой и персоналом, что и раньше. Вы должны реагировать на возникающие потребности в экспорте и отделять управление экспортом вашей компании от управления продажами на внутреннем рынке по мере роста международных продаж и запросов.

Как упоминалось ранее, глобальный рынок характеризуется более сложными функциями, требующими более специализированных навыков. Кроме того, успех на международном уровне требует целенаправленных маркетинговых усилий. Обе эти функции можно эффективно использовать, отделив международный бизнес от внутреннего.

Однако вы должны точно знать, когда следует сегментировать эти два подразделения. Если разделить их слишком рано, распределение ресурсов компании может стать неэффективным, а если разделение произойдет слишком поздно, вы можете потерять значительную часть экспортного бизнеса.

Один из вариантов - начать с наличия плана, а затем, когда экспорт начнет увеличиваться, вы можете перейти к сегментации, назначив специальные ресурсы для внутренних и международных подразделений. Вы также можете с самого начала выбрать отдельный экспортный отдел с постоянным или временным менеджером по экспорту, который подчиняется существующему руководителю местного подразделения. По мере развития международного бизнеса можно предоставить больше автономии отделу экспорта, который начнет подчиняться непосредственно владельцу бизнеса.

Ключ к успеху в экспорте - это маркетинговые усилия вашей компании. Даже если у вас нет идеальной организационной структуры, целенаправленные маркетинговые навыки могут помочь компаниям преуспеть на незнакомых рынках. Основываясь на реальных представлениях, когда дело доходит до работы на глобальных рынках, используемые маркетинговые методы более важны, чем уникальные атрибуты продаваемого продукта или услуги.

РАЗЛИЧНЫЕ КАНАЛЫ ДИСТРИБУЦИИ

После того, как вы организовали свою компанию для управления процессом экспорта, всм нужно выбрать подходящий канал дистрибуции для каждого рынка. Давайте рассмотрим пять основных каналов дистрибуции.

Торговые представители

Торговый представитель действует как представитель вашей компании и использует образцы вашей продукции и литературу для развития бизнеса на конкретном зарубежном рынке. Обычно они специализируются на работе с дополнительными продуктами, которые не конфликтуют дру- с другом, и обычно работают по контракту в течение определенных периодов, зарабатывают комиссионные с продаж и не принимают на себя никакой ответственности или рисков за ваши продукты или услуги. Некоторые торговые представители работают исключительно на определенных продавцов, а другие - на нескольких разных клиентов. Договор о работе с торговыми представителями включает в себя регион, условия продажи, способ оплаты, порядок и причины расторжения договора, а также ряд других деталей.

Представители или агенты

Агенты или представители - это лица, уполномоченные вами принимать обязательства от имени вашей компании на определенных международных рынках. Вы должны четко указать в контракте, что агент или представитель имеет законные полномочия на ведение деловых операций от имени вашей компании. Важно отметить, что слово «агент» в настоящее время неправильно понимается, поскольку оно подразумевает доверенность, которая не обязательно требуется агенту или представителю в этом сценарии.

Иностранные дистрибьюторы

Иностранные дистрибьюторы - это торговцы, которым вы продаете свою продукцию и которые перепродают ее дилерам или розничным торговцам на определенном зарубежном рынке с целью получения прибыли. Они являются наиболее последовательным каналом для достижения желаемых результатов на зарубежных рынках, особенно для малых предприятий-экспортеров.

Преимущество использования этого канала цепочки поставок заключается в том, что иностранный дистрибьютор предоставляет услуги и поддержку клиентам на этом рынке, освобождая вас от этой важной ответственности. Иностранные дистрибьюторы могут сделать это, храня достаточное количество продукции на складе, эффективно управляя поставкой запасных частей и поддерживая соответствующий персонал и оборудование для обслуживания операций на соответствующем рынке. Обычно они занимаются неконкурентными, дополнительными товарами и не продают напрямую конечным пользователям.

Оптовики составляют важную часть этого канала. Они перепродают розничным торговцам на своей территории. Однако проблема с оптовыми торговцами или другими крупными дистрибьюторами заключается в том, что они обычно не будут сотрудничать с небольшой компанией с малоразмерным производственным подразделением или с продуктами, которые недостаточно дороги, чтобы приносить большую прибыль оптовику. Опять же, между продавцом и иностранным дистрибьютором подписывается надлежащий контракт, в котором определяется продолжительность и условия соглашения. Обычный подход - начать с краткосрочного контракта и продолжать его продлевать, если сотрудничество оказывается выгодным для обеих сторон. Чтобы найти и выбрать подлинных дистрибьюторов, обратитесь за помощью в Коммерческую службу США, которая также может предоставить рекомендации по структурированию соглашений. Сложное трудовое законодательство в некоторых странах может повлиять на вашу способность прервать контракты. Всегда есть правила и вопросы, специфичные для разных рынков. Поэтому настоятельно рекомендуется обратиться за консультацией к специалисту по юридическим вопросам относительно рынка, на котором будет действовать контракт. Это также поможет вам понять возможные варианты действий в случае возникновения спора. Например, возможен ли арбитраж или вы сможете провести судебное разбирательство в суде США, а не в иностранном суде.

Зарубежные розничные торговцы

Другой вариант - прямые продажи иностранным ритейлерам, но они не обязательно продают дополнительные товары. Продукты, которыми они торгуют, ограничены потребительскими линиями. Для этого типа прямых продаж появляются новые возможности, такие как рост крупных розничных сетей в Канаде и Японии. Хотя этот канал в основном зависит от путешествующих представителей, использование брошюр о продуктах, почтовых каталогов и другой литературы также может помочь в достижении целей.

Используя метод прямой почтовой рассылки, вы не только экономите на комиссионных, выплачиваемых представителям, и путевых расходах, но также можете охватить более широкую аудиторию. Однако для достижения оптимальных результатов этот подход должен сопровождаться другими маркетинговыми действиями.

Многие крупные розничные торговцы США имеют зарубежные офисы. Если вам удастся наладить с ними отношения, они могут принести вам пользу. Например, они могут согласиться продавать вашу продукцию за границу через свои зарубежные офисы.

Но опять же, иностранные розничные торговцы или торговые посредники более склонны к признанным и известным брендам. Если вы небольшая компания, они либо проигнорируют ваши предложения, либо согласятся работать с вами, не продвигая ваш бренд так сильно, как они продвигают крупные бренды. Даже если ваши продукты имеют большой рыночный потенциал, реселлеры могут отдавать предпочтение другим продуктам над вашими просто потому, что они получают более высокие комиссионные за эти продукты. Кроме того, новых экспортеров часто используют торговые посредники, которые ведут строгие переговоры и поддерживают горсздо большую маржу, чем экспортер.

Прямые продажи конечным пользователям

Хотя много лет назад этот метод был непрактичным для большинства предприятий, теперь даже самые маленькие предприятия могут продавать товары конечным пользователям в другой стране без необходимости путешествовать. Конечными пользователями могут быть конечные потребители, иностранные предприятия или даже иностранные государственные учреждения. Вы также можете связаться с потенциальными покупателями через заграничные почты Коммерческой службы США, международные публикации или выставки. Если вы эффективно управляете стратегиями маркетинга в поисковых системах с помощью аукционов по ключевым словам, покупаете онлайн-рекламу или используете другие тактики, потенциальные покупатели могут обратиться к вам.

Важно помнить, что продажа напрямую конечным пользователям означает, что вам придется самостоятельно заниматься доставкой, обслуживанием, сбором платежей и всеми другими аспектами международной продажи. Обязательно учитывайте все эти расходы при выборе стратегии ценообразования. Если вы не примете во внимание какие-либо из этих затрат, вы, возможно, получите меньшую прибыль или, возможно, столкнетесь с убытками.

Если вы предпочитаете использовать иностранных представителей, лучше всего их найти на местных и международных выставках. Вам может потребоваться поездка, чтобы правильно определить, оценить и зарегистрировать иностранных представителей, которые подходят для ваших нужд. Кроме того, предварительное исследование может сэкономить много времени.

Помимо этих каналов, у вас также есть возможность рассмотреть возможность создания совместных предприятий и прямых инвестиций.

Если вы вообще не хотите покидать США, лучший и самый эффективный способ - это рассмотреть возможность продажи через платформы электронной коммерции. Кроме того, вы можете провести исследование рынка через Коммерческую службу США, которая поможет найти покупателей в более чем 125 странах.

Покупатель иностранных товаров (IOR)

Одним из самых популярных каналов, используемых экспортерами в наши дни, является «Покупатель иностранных товаров» (IOR). IOR действует как владелец, покупатель или таможенный брокер для товаров, импортируемых в страну назначения. Как правило, фактический импортер товаров использует доверенность (POA), чтобы уполномочить IOR выполнять таможенное оформление от имени импортера. IOR гарантирует, что все импортируемые товары надлежащим образом задокументированы и оценены, а также уплачены все импортные тарифы, пошлины и сборы. Одной из наиболее важных функций IOR является обеспечение надлежащего соблюдения законодательных и нормативных требований, обычно с помощью различных инструментов соблюдения, которые могут включать программное обеспечение соблюдения. Причина, по которой IOR становится ответственной стороной за соблюдение, оплату тарифов и другие аспекты, заключается в том, что это лицо становится временным владельцем импортируемых товаров до тех пор, пока товары не будут приняты в распределительный центр.

Примером этого является моя собственная организация Global4PL. Программа Global4PL IOR помогает продавцам из США экспортировать свои некоммерческие международные поставки на зарубежные рынки без оплачивания пошлин и налогов, связанных с временной лицензией на ввоз. Помимо минимизации ваших расходов в зарубежных странах, услуга представляет собой упрощенный процесс оформления дистрибуции с легкодоступной системой контроля документов и ее отслеживанием со всего мира Что еще более важно, он предлагает систему экспорта / импортс, которая полностью соответствует всем законам США о внешней торговле.

КАК СВЯЗАТЬСЯ И ОЦЕНИТЬ ДИСТРИБЬЮТОРОВ ИЛИ ИНОСТРАННЫХ ПРЕДСТАВИТЕЛЕЙ

После того, как у вас будет список потенциальных иностранных представителей и дистрибьюторов, отправьте индивидуальное электронное письмо или факс каждому из них индивидуально. Иностранные представители или дистрибьюторы постоянно ищут иностранные компании для сотрудничества. Вам нужно будет поделиться профилем вашей компании и информацией о продукте с представителями. Часто они запрашивают дополнительную информацию о вашей компании и продаваемых вами товарах. Гредоставьте полную информацию об истории вашей компании, продуктовой линейке, ресурсах, персонале, прошлой экспортной деятельности и все соответствующие детали. Если возможно, постарайтесь включить несколько фотографий продуктов и заводов, а также отправьте несколько образцов продукции. Однако избегайте отправки образцов продукции, если существует опасность кражи интеллектуальной собственности на вашем целевом рынке. Если возможно, пригласите иностранного представителя посетить вашу компанию и изучить ее деятельность.

Обязательно попросите у представителя исчерпывающую информацию и внимательно проверьте их перед подписанием любого контракта.

Вот список информации, которую вы должны попросить у иностранных представителей:
- Их история и текущий статус, включая предысторию предыдущей работы;
- Используемый ими подход к внедрению новых продуктов в целевом регионе;
- Банковские и торговые справки; а также
- Информацию о том, как они могут соответствовать требованиям вашей компании.

Когда вы будете удовлетворены приведенной выше информацией, предоставленной представителем, попросите его поделиться оценкой рыночного потенциала региона для вашей продукции. Помимо предоставления ценной информации о рынке, это позволяет вам узнать, насколько хорошо представитель знает вашу отрасль.

Вы можете получить обратную связь от деловых партнеров, работающих с представителями, но не стесняйтесь задавать вопросы и непосредственно представителям. Компании, безусловно, имеют право проверять авторитет того, кто их представляет в другой стране. Высококвалифицированные специалисты не откажутся от раскрытия информации о своих полномочиях. Напротив, они с гордостью расскажут о своей квалификации и опыте. Кроме того, не забудьте использовать официальные правительственные учреждения для проверки данных о потенциальном деловом партнере, прежде чем соглашаться на сделку.

В качестве альтернативы вы можете попытаться получить как минимум два коммерческих и кредитных отчета, чтобы проверить, заслуживает ли представитель репутации или нет. Чтобы получить дополнительную информацию, рассмотрите возможность получения второго отчета из другого источника. Вы можете найти отчеты для ряда представителей из профилей международных услуг коммерческих служб США или коммерческих компаний. Коммерческие банки и фирмы также являются авторитетными источниками кредитной информации, касающейся зарубежных представителей.

Предположим, у вас есть список потенциальных представителей в конкретной стране, и вы получили значительный объем деловой и кредитной информации о каждому из них. Если возможно, найдите зремя, чтобы посетить страну и изучить размер, расположение и состояние складов и офисов. Познакомьтесь с командой продаж и оцените их силу в отрасли. Если посещение каждого представителя невозможно, назначьте встречи на выставках, проводимых в США или другой стране. Коммерческая служба США может очень помочь в этом отношении. Агентство не только организует встречи, но и предлагает услуги видеоконференцсвязи, поэтому вам не нужно ехать в определенную страну.

ПОДПИСАНИЕ СОГЛАШЕНИЙ С ДИСТРИБЬЮТОРАМИ ИЛИ ИНОСТРАННЫМИ ПРЕДСТАВИТЕЛЯМИ

После того, как вы определили все тонкости иностранного представителя и определитесь со своим выбором, вам нужно будет заключить с ним соглашение о продаже за границей. Перед подписанием этого соглашения проконсультируйтесь с Коммерческой службой США или Международной торговой палатой.

Большинство иностранных представителей будут вести переговоры и соответственно заинтересованы в следующих аспектах :

- Потенциальная прибыль от вашего продукта или услуги и их структура ценообразования;
- Условия оплаты;
- Предлагаемая вами поддержка в виде средств поддержки продаж, рекламы и рекламных материалов;
- Объем обучения, которое вы проведете для торгового и обслуживающего персонала;
- Информация о ваших конкурентах и их доле на рынке;
- Положения, касающиеся продукта; и
- Способность вашей фирмы поставлять продукцию в срок.

Как правило, соглашение о продаже за границу включает условия, требующие от представителя соблюдать следующие правила:

- Отсутствие партнерства с конкурирующими компаниями;

- Не разглашать конфиденцисльную информацию компании, которая может нанести ущерб, нанести вред или даже создать конкуренцию вашей компании; и
- Сообщать вам о любых запросах, полученных из регионов за пределами территории продаж за которые отвечает представитель

Что еще более важно, соглашение должно включать условия, требующие от представителя сделать все возможное для увеличения продаж вашего продукта на их территории продаж компенсацию, указанную в соглашении. Для этого вам нужно будет добавить показателей производительности, такие как ожидаемые темпы роста продаж и минимальные целевые показатели продаж для определенных периодов.

Важно решить, следует ли использовать термин «агент» для обозначения представителя при составлении договора. Проблема в том, что в некоторых странах термин «агент» используется для обозначения доверенности, что имеет большое значение. Независимо от того, используете ли вы этот термин в соглашении, настоятельно рекомендуется четко указать, имеет ли представитель или агент доверенность или нет.

Еще один важный момент - какой язык следует использовать при составлении соглашения. Большшинство соглашений составляется на английском языке, а также на языке территории продаж.

Неудивительно, что иностранные представители обычно требуют включения условия эксклюзивности, которое означает что вы не разрешаете какой-либо другой стороне представлять вас на территории продаж. Никогда не соглашайтесь с этим, когда заключаете договор впервые. Прежде чем брать на себя такое обязательство, позвольте другой стороне доказать свои способности на территории продаж. Другой вариант - включить срок эксклюзивности на ограниченный или определенный период, например один год, который всегда можно продлить позже. Включая пункт об исключительности, не забудьте определить территорию продаж, к которой оно применяется, чтобы обеспечить максимальную гибкость.

В договоре купли-продажи за границу также должно быть указано, какой закон применяется к договору. Хотя вам обязательно следует включить этот пункт, имейте в виду, что закон целевой страны может иметь преимущественную силу над тем, что определено в договоре. Для разрешения споров по контрактам большинство предприятий используют Конвенцию Организации Объединенных Наций о договорах международной купли-продажи товаров. Другие обращаются в международный арбитраж для разрешения споров по контрактам.

Расторжение контракта

Одним из наиболее важных пунктов, которые следует включить в соглашение о продаже за границу, является оговорка об освобождении от ответственности на случай, если представитель не сможет оправдать ваши ожидания. Условия, касающиеся расторжения контракта, позволяют вам завершить партнерство чисто и безопасно в случае, если представитель окажется недееспособным. Вы можете указать, что любая из сторон может расторгнуть контракт, предварительно направив письменное уведомление, четко указав в контракте период уведомления. Кроме того, причины, оправдывающие расторжение контракта, также могут быть определены и включены в него, например, «невыполнение заранее определенных планов продаж». Некоторые предприятия предпочитают ограничить контракт одним годом с автоматическим продлением, если одна из сторон не направит письменное уведомление о его расторжении.

Независимо от того, какие условия расторжения вы укажете, они должны соблюдать корпоративное законодательство целевой страны. Поэтому при составлении договора рекомендуется нанять специализированного юриста. Это поможет вам разобраться в корпоративном законодательстзе страны представителя. При расторжении договора необходимо учитывать следующие юридические аспекты:

- Продолжительность периода уведомления. о есть, Т, насколько благовременно следует уведомить представителя о своем решении расторгнуть договор? По законам большинства стран требуется не менее трех месяцев при условии, что письмо было отправлено до начала периода уведомления.

- Список «уважительных причин», позволяющих прекратить действие контракта. Это на самом деле укрепляет вашу позицию, а не ослабляет ее, позволяя при необходимости четко и безопасно расторгнуть контракт с представителем.

- Закон, применимый к разрешению договорных споров.

- Метод расчета компенсации, причитающейся представителю на момент увольнения. Это не только основано на продажах, сделанных представителем, но также учитывает развитие бизнеса, которое они проводили в отношении ваших продуктов и услуг в стране, а также «уважительную причину», использованную для расторжения договора. Представитель обычно должен получать компенсацию за убытки, понесенные из-за э этих аспектов, а также за любую ценность, которую они добавили вашему бизнесу.

- В случае расторжения контракта представитель должен вернуть любую собственность, товарные знаки, патенты, записи о клиентах и   регистрации имен. Поищите эти аспекты в законодательстве, так как вы обязательно захотите включить их в договор.

SHIPPING
24
KG

ГЛАВА ШЕСТАЯ

ПЕРЕВОЗКА

Наличие хорошо обслуживаемого веб-сайта электронной коммерции недостаточно для выполнения программы прямого экспорта. У вас должна быть эффективная цепочка поставок, чтобы продукты своевременно доставлялись покупателям во всех регионах мира. Когда дело доходит до отправки товаров за границу, нужно задействовать множество дополнительных функций, включая упаковку, документацию, маркировку, соответствие нормативным требованиям и требования к страхованию, и это лишь некоторые из них.

Правильная упаковка важна для того, чтобы продукт был доставлен покупателю в надлежащем состоянии с точным подсчетом штук. Правильная маркировка не менее важна для обеспечения того, чтобы продукт был доставлен на нужное место назначения и нужному покупателю. Страховка является обязательной, поэтому вам будет выплачена компенсация за любые убытки или ущерб, возникшие в процессе доставки. Кроме того, как в США, так и в стране назначения существуют требования к документации, которые должны быть соблюдены для ведения записей и отчетности, а также стандарты сбора

Все эти требования могут быть непосильными для бизнеса, поэтому многие экспедиторы предлагают помощь в выполнении этих видов услуг.

ПОМОЩЬ ЭКСПЕДИТОРОВ

Экспедиторы - это лицензированные агенты, занимающиеся грузовыми перевозками как внутри страны, так и за рубежом. Как правило, международные экспедиторы хорошо осведомлены о конкретных правилах и стандартах действующих в других странах, а также о требованиях к документации для различных пунктов назначения Они очень помогают в расчете общих затрат, включая, среди прочего, их собственные транспортные расходы, портовые расходы, сборы за документацию, консульские сборы и расходы на страхование. Они даже предоставляют экспертные консультации по лучшим методам упаковки, а также при необходимости предлагают услуги по упаковке, включая специальные контейнеры. Подробная информация обо всех этих товарах потребуется для определения стратегии ценообразования для продуктов, продаваемых за рубежом.

Еще одна важная услуга, предоставляемая экспедиторами, - это проверка всех документов, когда заказы готовы к отправке. Часто они договариваются с зарубежными таможенными брокерами, чтобы соблюдались требования к зарубежной документации. Это гарантирует, что продукты не столкнутся с какими-либо проблемами въезда или допуска по прибытии в страну назначения. Обратите внимание, что, несмотря на то, что использование этих услуг у экспедиторов полезно, существуют другие варианты. Например, многие гиганты экспедирования грузов, такие как United Parcel Service (UPS), DHL и FedEx, также являются таможенными брокерами.

ТРЕБОВАНИЯ К ДОСТАВКЕ

Упаковка

Международные отправления подлежат определенным требованиям к упаковке, которые варьируются от страны к стране. При подготовке упаковки к экспорту могут возникнуть четыре основные проблемы, включая поломку, хищение, лишний вес и влажность. Если ваш покупатель разделяет требования к упаковке, характерные для портовой системы в его стране, убедитесь, что вы их строго соблюдаете. Если они не разделяют каких-либо конкретных требований, следуйте этим стандартным инструкциям по упаковке, чтобы избежать каких-либо проблем:

- Используйте прочные контейнеры с соответствующим наполнением и укупоркой по мере необходимости;
- Независимо от размера контейнера, вес внутри должен быть равномерно распределен, чтобы обеспечить надлежащую фиксацию;
- Храните продукцию на поддонах и используйте влагостойкий материал;
- Избегайте написания торговых марок или содержимого на упаковках, чтобы предотвратить кражу;
- Используйте защитный материал для упаковки товаров, например, пломбы, термоусадочную пленку и ремни;
- Соблюдайте все требования к упаковке продукта;
- Проверьте соответствие документации всем требованиям и маркировку для химической обработки и фумигации.

Частные лизинговые компании и перевозчики также предоставляют контейнеры для международных перевозок, которые различаются по размеру, структуре и материалу. Хотя эти контейнеры лучше всего подходят для стандартных форм и размеров упаковки, они вмещают большую часть груза. Также могут быть доступны контейнеры для наливных грузов и рефрижераторные контейнеры. Некоторые прицепы представляют собой просто полуприцепы, которые перевозятся с помощью тягачей в / из порта разгрузки и порта назначения.

Воздушные грузы обычно легче по весу, чем морские, но они также должны быть надлежащим образом упакованы, чтобы избежать кражи. В зависимости от местоположения вы можете просто использовать бытовую упаковку, если нет опасений по поводу повреждения содержимого или упаковки.

Вес и объем пакетов являются ключевыми факторами при определении стоимости перевозки. Чтобы свести к минимуму эти два элемента, обеспечивая при этом достаточную защиту при экспорте, доступны специально укрепленные и легкие упаковочные материалы. Если у вас нет оборудования для изготовления надлежащей, но недорогой упаковки, наймите профессиональную компанию, которая сделает это за вас. Сборы умеренные, но экономия средств может быть значительной.

Маркировка

Маркировка и этикетирование важны при экспорте контейнеров и транспортных картонных коробок для соответствия требованиям перевозки, для облегчения надлежащего обращения, сокрытия содержимого, упрощения идентификации груза и обеспечения соблюдения стандартов безопасности и охраны окружающей среды.

Экспортные знаки, необходимые для контейнеров и картонных коробок, должны быть указаны зарубежным покупателем, чтобы они могли легко идентифицировать их по прибытии. Помимо отметки грузоотправителя, как правило, необходимо указать страну происхождения, вес упаковки, знаки обращения, предупредительную маркировку, ингредиенты, порт ввоза, обозначения опасных материалов, а также количество упаковок и размер каждой упаковки.

Документация

Одним из наиболее важных аспектов управления глобальной цепочкой поставок является процесс документации. Настоятельно рекомендуется поручить экспедитору заниматься оформлением документов за вас. Они специалисты по экспортной и импортной документации. Вы можете иметь общие знания о процессе документирования, но он может значительно различаться в зависимости от конкретной транзакции и / или продукта. Требования к правительству США и страны назначения могут быть разными для разных транзакций.

Незначительные упущения или неточности в документации могут потенциально помешать экспорту или привести к проблемам с оплатой или изъятию ваших товаров иностранным таможенным агентством или таможенно-пограничной службой США. Хотя вы несете ответственность за полную документацию, это обычная работа для экспедиторов, которые с меньшей вероятностью сделают ошибки.

Для разных стран действуют разные правила импорта. Пункт назначения определяет количество и различные виды необходимых документов. Экспортерам следует воспользоваться помощью своей местной коммерческой службы США, чтобы получить самую последнюю информацию о документации для страны, в которую они планируют экспортировать.

Вот некоторые документы, с которыми обычно имеют дело экспортеры:

- **Авианакладная**

  Это необоротный документ, необходимый для всех грузовых авиаперевозок.

- **Счет-фактура**

  Это просто счет за проданные товары, который экспортер отправляет покупателю. Этот документ часто используется правительствами для определения истинной стоимости груза с целью определения таможенных пошлин. Вам нужно будет следовать формату счета-фактуры, установленному конкретным иностранным правительством, в котором также будет указано количество копий, которые необходимо приложить. Другие требования, такие как используемый язык, также должны быть предусмотрены и должны соблюдаться.

- **Консульская счет-фактура**

  В некоторых странах также требуется консульская счет-фактура, которая включает информацию о грузоотправителе, получателе, стоимости груза и описании товаров. Сотрудники таможни в этих странах используют этот документ для проверки количества, стоимости и типа груза.

- **Накладная**

  Это договор между владельцем посылки (-ок) / товаров и перевозчиком. Для перевозки морским транспортом применяются два типа накладных: прямой коносамент и оборотный коносамент. В то время как первое не подлежит обсуждению и право собственности на товары не передается, во втором случае товарами можно торговать, пока они находятся в пути. Чтобы получить право собственности на товар, покупателю необходим оригинал коносамента, подтверждающий право собственности.

- **Свидетельство о свободной продаже**

  Хотя этот документ не требуется в каждой стране для каждого типа товаров, вы можете получить его в правительстве своего штата. В документе просто указано, что товары, которые вы собираетесь экспортировать, ранее продавались в этом состоянии.

- **Сертификат инспекции**

  Некоторые страны или покупатели требуют эту сертификацию для проверки достоверности технических характеристик продукта. Обычно эту проверку проводит независимая сторонняя организация.

- **Сертификат происхождения**

  Это подписанный документ, подтверждающий происхождение экспортируемых товаров. Независимо от того, содержит ли коммерческий счет-фактура эту информацию, в некоторых странах требуется этот документ. Причина в том, что этот документ утверждается полу официальной организацией, например, местной торговой палатой.

- **Сертификат происхождения USMCA**

  Соглашение между США, Мексикой и Канадой (USMCA) заменило Североамериканское соглашение о свободной торговле (NAFTA) 1 июля 2020 года. Разница между NAFTA и USMCA незначительна для большинства компаний, поскольку основные изменения в основном направлены на защиту фермеров, и для обновления законов в цифровую эпоху, защиты окружающей среды и защиты биологических препаратов. USMCA действует так же, как NAFTA, и не должно создавать никаких проблем для большинства экспортеров.

  Как и НАФТА, USMCA предоставляет беспошлинный режим для «товаров происхождения» из США, Мексики и Канады. Согласно USMCA, действительный сертификат происхождения должен быть в файле на момент подачи заявки на льготный режим, который должен быть заполнен либо экспортером, производителем или импортером.

  Если товары, которые вы экспортируете, соответствуют требованиям USMCA и вы хотите претендовать на льготы по нулевой пошлине из-за этой квалификации, вам необходимо будет предоставить сертификат происхождения USMCA. Этот документ применим только при экспорте товаров в одну из стран, подписавших Соглашение между США, Мексикой и Канадой (USMCA), то есть в Канаду и Мексику.

ПРИМЕЧАНИЕ. В соответствии с правилами таможенного и пограничного контроля США (CBP) Соглашение между США, Мексикой и Канадой (USMCA) не требует специального сертификата происхождения, в отличие от Североамериканского соглашения о свободной торговле. Следовательно, форма 434 CBP не является обязательной в соответствии с USMCA. Для получения дополнительной информации о подготовке сертификата USMCA посмотрите. https://www.cbp.gov/trade/priority-issues/trade-agreements/free-trade-agreements/USMCA.

- **Сертификат соответствия**

  Подобно сертификату инспекции, этот сертификат включает тестирование продукта сторонней организацией. Уполномоченная организация проверит или проанализирует товар и выдаст сертификат. Этот документ требуется только для определенных видов промышленных товаров и только в некоторых странах.

- **Электронная экспортная информация**

  Это важное требование к документации со стороны правительства США и ключ к составлению статистики экспорта США. Если стоимость экспортных товаров превышает 2500 долларов США, экспортер, экспедитор или квалифицированная третья сторона, назначенная экспортером, должны в электронном виде подать документ с электронной экспортной информацией (EEI). Кроме того, если экспортные товары требуют экспортной лицензии или продаются в страну с ограничениями или конечному пользователю, экспортер снова должен подать документ EEI, независимо от стоимости товаров. Регулирующим органом этого документа является отдел внешней торговли Бюро переписи населения США. Экспортеры могут бесплатно подать EEI, посетив платформу AESDirect.

- **Квитанция от дока / склада**

  Когда внутренний перевозчик перемещает экспортный товар (-ы) в порт погрузки или на линию экспортной отгрузки, док-станция /квитанция от склада используется для передачи ответственности.

- **Заявление о пункте назначения**

  Это заявление появляется в коносаменте или авианакладной, а также в коммерческом счете-фактуре, чтобы проинформировать перевозчика и все иностранные организации о том, что товары подлежат экспортному контролю США и не могут быть перенаправлены в соответствии с законодательством США.

- **Страховой сертификат**

  Этот документ заверяет грузополучателя, что в случае повреждения груза во время транспортировки, страхование возместит ущерб.

- **Экспортный упаковочный лист**

  Это подробный документ, в котором перечислены все предметы в каждой упаковке и указывается тип используемой упаковки, например ящик, картон, цилиндр или коробка. Кроме того, в этот список также должны быть включены отдельные отметки веса брутто, нетто и тары, а также измерения в американской и метрической системах для каждой упаковки. Чтобы облегчить идентификацию, маркировка упаковки должна сопровождаться ссылками. Экспортный упаковочный лист используется экспедитором или грузоотправителем для расчета общего веса и объема груза и обеспечения доставки нужного груза. Документ также может быть использован таможенными органами США и других стран по разным причинам.

- **Экспортная лицензия**

  Этот документ разрешает продажу определенных товаров в определенные страны. Как обсуждалось ранее, этот документ может потребоваться только при особых обстоятельствах или для определенных товаров, например боеприпасов. Также это зависит от пункта назначения экспортной позиции. Лицензия на экспорт может потребоваться для всего или большей части экспорта в конкретную страну.

Перевозка

Для международных перевозок стандартная информация в коносаменте должна включать экспортные отметки, в которых указывается название перевозчика и самая последняя дата прибытия в порт экспорта. Вы также должны приложить инструкции, которые наземный перевозчик даст международному экспедитору по телефону. Рассмотрите возможность изучения метода международной доставки, проконсультировавшись с экспедитором. Вы также можете заключить договор бронирования или зарегистрировсь место до даты отправки. Это может быть чрезвычайно полезно, поскольку перевозчики в основном используются для крупногабаритных грузов.

Распространенной практикой является использование коносамента в рамках мультимодального контракта для международных перевозок. Это означает, что ответственность и оплата за все движения от завода до конечного пункта назначения берет на себя оператор мультимодального транзита.

При выборе способа международной доставки обязательно принимайте во внимание стоимость доставки, доступность отправляемого товара для иностранного покупателя и график доставки. Определенные факторы могут дать вам преимущество перед другими экспортерами. Например, вы можете использовать внутренний аэропорт, а не прибрежный морской порт, чтобы воспользоваться преимуществами более низких затрат на внутреннюю доставку и более быстрых сроков доставки.

Кроме того, некоторые покупатели хотят, чтобы товары доставлялись в свободный порт или зону свободной торговли, чтобы они могли избежать уплаты импортных пошлин. Поэтому не забудьте обсудить с покупателем детали, касающиеся пункта назначения доставки.

Страхование отправлений

Страхование отправлений важно для защиты продавцов и становится еще более важным при экспорте. Во время транспортировки ваши экспортируемые товары могут подвергаться грубому обращению со стороны перевозчиков, плохим погодным условиям и другим неконтролируемым опасностям, что делает покупку страховки обязательной.

Что касается страхования отправлений, то доступны два вида страхования: страхование грузов и страхование экспортных кредитов. Страхование груза относится к самой отправке, и в нормальных обстоятельствах ваш экспедитор или грузоотправитель позаботится об этом в рамках договора со страховой компанией. Тем не менее, вы все равно несете главную ответственность. Страхование экспортных кредитов, с другой стороны, связано со страхованием от неплатежей. Например, ваш платеж может подвергнуться риску в случае дефолта покупателя, валютной катастрофы или политических проблем. Чтобы защитить себя от этих рисков, кредитор покупателя и другие финансовые организации, указанные в ваших условиях продажи, требуют страхование экспортных кредитов для покрытия рисков, связанных с неплатежами. Давайте подробно рассмотрим два вида страхования.

Страхование грузов

Если согласно условиям продажи вы несете ответственность за страхование, как указывалось ранее, вы можете обеспечить страхование экспортных грузов через экспедитора за определенную плату. Другой способ - оформить собственный страховой полис. Рекомендуется выбрать любой из двух вариантов, даже если по условиям продажи ответственность за товары возлагается на иностранного покупателя. Не следует доверять покупателю и предполагать, что было получено адекватное покрытие. В случае непредвиденного события ваша компания будет нести убытки за ущерб, нанесенный продукции. Страхование морских грузов можно получить при отправке морским и / или воздушным транспортом. Вы также можете приобрести страховку для авиаперевозок у соответствующего авиаперевозчика.

В то время как страхование грузов распространяется на ущерб, утрату и задержку в пути, ответственность перевозчика часто ограничивается международными соглашениями. Кроме того, это покрытие значительно отличается от внутреннего покрытия. В идеале экспортерам следует проконсультироваться у экспедитора или международного страхового перевозчика за советом. Страхование обычно рассчитывается на уровне

110 процентов от CIP (оплата перевозки и страховки) или CIF (стоимость, страхование, фрахт). Однако согласование с покупателем о других компонентах возможно.

Страхование экспортных кредитов

К внутренним продажам можно относиться легкомысленно, но когда дело касается экспорта, страхование от невыплаты становится чрезвычайно важным. Вот четыре основных преимущества страхования экспортных кредитов для экспортеров:

1. Наиболее очевидное преимущество заключается в том, что он устраняет или снижает риск возможной потери дохода от продаж. От девяноста до 100 процентов коммерческого, политического риска, риска конвертации валюты, длительного дефолта, банкротства или военного риска можно устранить, работая с Экспортно-импортным банком (EXIM Bank) США.

2. За счет страхования экспортных кредитов экспортеры могут предоставлять выгодные условия кредита соответствующим международным покупателям. Например, если международный покупатель не может получить заем от своего кредитора из-за сопутствующего риска, EXIM Bank или поставщик страхования экспортных кредитов покроет этот риск, позволяя кредитору покупателя предоставить кредит. Это позволяет покупателям получить больше страховки для импортных поставок.

3. Когда кредитная линия застрахована, покрытие EXIM Bank превращает зарубежную дебиторскую задолженность экспортера в высоколиквидную

дебиторскую задолженность в связи со страхованием правительства США.

4. Везде, где EXIM Bank предлагает покрытие, для экспортеров открываются новые рыночные возможности.

Политика оплаты и условия страхования

Ниже приведены различные типы доступных вариантов политики:

- Краткосрочное страхование обычно покрывает некапитальные товары, сырье, компоненты, запасные части и большинство услуг, но действует только 180 дней или меньше. Срок действия может быть продлен до 360 дней для капитальных товаров, крупных сельскохозяйственных товаров и потребительских товаров длительного срока годности посредством страховых полисов EXIM Bank. Тем не менее, 50% содержимого продукта должно быть из США.

- Среднесрочное страхование доступно для международных покупателей капитального оборудования, покрывая не более 85% стоимости контракта и страхуя товары на сумму менее 10 миллионов долларов США.

- Политика единого покупателя - это вариант политики, применимый к одному конкретному покупателю. Ставки варьируются в зависимости от типа международных покупателей, срока действия и риска, связанного со страной покупателя.

- Политика в отношении нескольких покупателей обеспечивает покрытие правомочных международных покупателей, которые могут работать на условиях кредита «с открытым счетом». Экспортеры, у которых есть заем на оборотный капитал Администрации малого бизнеса (SBA) или заем EXIM Bank, могут воспользоваться 25% скидкой на краткосрочное страхование экспортных кредитов EXIM Bank для нескольких покупателей. Экспресс-страхование, продукт EXIM Bank, включает расценки на полис, упрощенное приложение и решения покупателя о предоставлении кредита до 300 000 долларов США за пять или менее рабочих дней.

Политика для кредиторов

Финансовые учреждения, поддерживающие экспортеров, могут воспользоваться страховыми полисами, предлагаемыми EXIM Bank. Банки США, открывающие аккредитив в EXIM Bank для финансирования экспорта США, защищены со стороны EXIM Banka. Если иностранный банк не возмещает или не производит платежи, аккредитив обеспечивает от 95 до 100% покрытия неуплаты.

Кредит покупателя финансового учреждения - это политика, защищающая международных покупателей экспорта США на срок менее одного года. Для покупателей из частного сектора политика покрывает политические риски в размере 100 процентов и коммерческие риски в размере 90 процентов.

Тарифы на импорт

Хотя импортные пошлины будут оплачиваться международным покупателем при любых обстоятельствах, вам необходимо знать тариф, взимаемый в конкретном пункте назначения, чтобы оценить влияние на стоимость вашего продукта. Сумма, которую международный покупатель готов заплатить за ваш продукт, наверняка будет зависеть от тарифов, которые он должен будет заплатить за импорт, которые будут включены в окончательную стоимость вашего продукта. Чтобы узнать о действующих тарифах на различные товары в разных странах, посетите Export.gov и зарегистрируйтесь, чтобы получить доступ к этой информации.

С экспортом присущи сложности. Помимо различных затрат и рисков, документация и другие требования могут стать головной болью, если вы новый экспортер и не знаете, к кому обратиться. К настоящему времени вы, вероятно, поняли, что наиболее ценными источниками информации являются сами страны международного судоходства и экспедиторы. Экспедиторы больше не просто отправляют ваш экспорт за пределы международных границ, они также помогают в управлении документацией, сборе платежей от международных покупателей и складировании на зарубежных рынках.

ГЛАВА СЕДЬМАЯ

ЦИФРОВАЯ ИНТЕГРАЦИЯ: ЭЛЕКТРОННЫЙ ЭКСПОРТ МЕТОДЫ ДЛЯ РОСТА БИЗНЕСА

В современном мире онлайн-ресурсы и возможности являются ключом к построению глобальной цепочки поставок для вашего бизнеса. Различные компании, независимо от их размера, используют Интернет для охвата миллионов покупателей по всему миру. Рост отражается как в электронной торговле B2B, так и в B2C. Глобальный охват Интернета обеспечивает рентабельное средство маркетинга продуктов и услуг по всему миру. В то же время создание корпоративного веб-сайта помогает создать механизм онлайн-транзакций. Сегодняшним клиентам нужен большой контроль, расширенный выбор, отслеживание заказов, возможность получать информацию о продуктах и   многое другое, и все это возможно через Интернет. Опытные продавцы обеспечивают присутствие в Интернете и управляют интерфейсом обслуживания клиентов, чтобы отвечать на все запросы и заказы. Имея разные языковые версии для веб-сайтов, экспортеры могут продавать товары и потребителям, не говорящим по-английски.

Проще говоря, электронная коммерция (e-commerce) - это продажа и покупка товаров и услуг в Интернете. Современные веб-сайты электронной коммерции объединяют покупателей, продавцов и даже поставщиков на единую платформу для поиска, продажи и заказов. Зачем использовать электронную коммерцию?

Для малого, среднего и крупного бизнеса электронная коммерция зарекомендовала себя как ворота для выхода на глобальный рынок. Интернет доступен более чем миллиарду человек по всему миру, предлагая огромную клиентскую базу для любого бизнеса, который стремится к глобальному развитию. Точно так же продолжают открываться прибыльные бизнес-возможности B2B. С помощью маркетинговых кампаний в Интернете компании могут продавать свою продукцию в странах и на континентах, которые ранее считались недоступными. Более того, предприятия, которые ищут более качественные и дешевые расходные материалы для удовлетворения своих внутренних производственных и других потребностей, могут выбирать из огромного числа поставщиков.

ГЛАВА ВОСЬМАЯ

РЕКОМЕНДАЦИИ И ВЫВОДЫ

1. Классификация - это первый шаг в процессе экспорта. Если классификация продукта (HTS), ECCN, исключение из лицензии и т. д. неверное, у вас возникнут проблемы. Мало кто умеет правильно классифицировать. Спросите своего экспедитора, таможенного брокера или проверенного консультанта. Если классификация неверна, у вас с самого начала будут проблемы.

2. Экспорт аналогичен овладению любым другим навыком - вам нужно начать с основ. Что касается экспорта, то есть более простые страны (например, Канада, Австралия и Сингапур) и более сложные страны, такие как Бразилия, Индия и Россия. В некоторых странах очень высокие ставки пошлин (например, в Бразилии -100% или более), а в некоторых странах экспортные пошлины очень низкие или вообще отсутствуют, например Гонконг. Найдите время, чтобы точно понять, кто платит пошлины и налоги за ваш экспорт. Не рискуйте потерять товар и 100%пошлины при первом экспорте.

   Начните с простых стран и накапливайте свой опыт, проделав это несколько раз, тогда вы будете намного лучше подготовлены к отправке в более сложные страны. Не начинайте экспорт в трудные страны сразу.

3. Есть продукты, которые легко экспортировать (например, жесткие диски и ноутбуки), и есть продукты, которые сложнее экспортировать, такие как медицинские устройства, лекарства и косметика, поскольку они могут потребовать разрешения FDA. Эквивалентные разрешения строго регулируются в большинстве стран, чтобы гарантировать безопасность этих типов продуктов. Сначала начните с простых продуктов. Не начинайте сначала экспортировать медицинские устройства или другие сложные продукты, если вы можете этого избежать.

4. Вам следует проверить, присутствуют ли ваши зарубежные клиенты в официальных государственных базах данных, чтобы убедиться, что вы не ведете дела с ненадежными организациями. Это относится ко всем типам клиентов, таким как подрядчики, компании и частные лица. Это называется проверкой DPL (списка запрещенных лиц). Немногие компании предпочитают проводить надлежащую проверку DPL, что подвергает их очень серьезному риску

5. Если вы отправляете товар в Майами или любой другой крупный порт в США и знаете, что затем товар будет отправлен за границу, его следует рассматривать как экспорт.

Это означает, что вы должны проявить такую же должную осмотрительность, как если бы вы напрямую экспортировали товар за границу. Предположим, вы отправляете товар реселлеру и не знаете, кто будет конечным пользователем. Когда продукт наконец дойдет до конечного потребителя, который активирует лицензию, например лицензию на программное обеспечение, вы сможете узнать, кто является конечным пользователем. Если это заграничный покупатель, то теперь вы обязаны проявить такую же должную осмотрительность, как если бы вы экспортировали продукт за границу напрямую.

6. Сотруднику с Visa A1, работающему с ключевыми технологиями / кодированием / шифрованием, может потребоваться экспортная лицензия (условная экспортная лицензия) для работы.

   Аналогичным образом, наем стажеров, подрядчиков, кодировщиков и других лиц, не являющихся гражданами США и / или постоянными резидентами США (также называемых пользозатели «грин-карты»), без согласования с вашей командой по соблюдению правил торговли может быть проблемой. Все это подпадает под «передачу знаний», которая является экспортом. Например, обучение русского в Пало-Альто, штат Калифорния, то же что и отправка продукта в Россию.

7. Если ваша компания является иностранной и вы экспортируете товары из США, к вашей компании применяются законы США.

8. Доставка американского товара из страны-члена ЕС в Россию, например, намного сложнее, чем доставка из США в Россию. Это связано с тем, что экспорт также должен будет соответствовать законодательству ЕС, которое в некоторых случаях является более строгим, чем законодательство США. Помимо сложности,

связанной с доставкой товаров из США из одного зарубежного местоположения в другое, если что-то пойдет не так, вас могут спросить о намерении отправить товар из другой страны. Следовательно, вам придется принять более строгие меры при доставке через другую страну.

9. Конфиденциальность чрезвычайно важна при экспорте технологий. Этот сектор регулируется гораздо сильнее, чем другие виды продукции.

10. Если у вас есть отдельные отделы для AP, AR, HR, инжиниринга, операций и продаж, но у вас нет консультанта по экспорту / импорту, возможно, вы не будете проявлять должную осмотрительность, ожидаемую от компании вашего размера.

11. Всегда проверяйте свои финансовые транзакции (переводы, платежи, переводы средств) в соответствии с правительственными базами данных, даже если банки находятся в странах, дружественных к США. Например, если вы переводите средства для оплаты поставщику во Франции, ваш поставщик может не быть в черном списке, но если его банк включен, вы в конечном итоге потеряете свои средства. OFAC (Управление по контролю за иностранными активами США) очень агрессивно следит за тем, чтобы компании не совершали операций с организациями, внесенными в черный список, и в этом списке много банков. OFAC конфискует ваши деньги, если вы переведете какие-либо средства в эти банки, занесенные в черный список.

12. Знайте свои Инкотермс (Международные коммерческие условия). Опубликованные Международной торговой палатой, Инкотермс четко определяют, какая сторона является экспортером, импортером и кто платит за фрахт, пошлины и налоги. Они также возлагают ответственность за то, какая сторона несет ответственность перед правительством или правительствами; несете ли вы ответственность за продукт по закону; а в случае потери - кто может предъявить претензию или кто несет убытки. Если ваш персонал по продажам, закупкам, операциям и доставке не знает и не понимает Инкотермс, вы столкнетесь с серьезными проблемами с соблюдением требований и финансовыми проблемами.

13. Соблюдение требований не является оперативной проблемой; соответствие - это вопрос менеджмента. Если руководство не инвестировало время, ресурсы и средства в системы, обучение и персонал для создания строгой программы соблюдения нормативных требований, то руководство не выполняет свои обязанности. Настоящая программа соблюдения требований требует трех основных компонентов: людей, систему и знаний.

Не срезайте углы, когда дело доходит до соответствия. Недостаточное соблюдение правил обходится дорого, и дядя Сэм (персонифицированный образ США) с радостью собирает деньги.

14. Знайте, что OFAC является самым агрессивным правительственным учреждением, когда дело касается нарушений экспортных поставок. Меньше всего вам

нужно, чтобы OFAC было у вас перед дверью. OFAC мастерски собирает деньги у компаний, которые не потратили время или ресурсы на полное выполнение своих экспортных требований.

15. Если продукты или услуги вашей компании связаны с высокими технологиями, шифрованием, беспилотными / автономными транспортными средствами и / или дронами, вы подпадаете под действие большего количества экспортных правил, чем вы, вероятно, знаете, и вашей компании необходимо понимать их все. В этой области применяются штрафы в размере до 300 000 долларов США за нарушение.

16. Привлекайте консультантов и экспертов, которые помогут вашей экспортной команде. Учитывая их знания и опыт, консультанты обычно могут проверить и убедиться, что ваша компания соответствует требованиям в течение нескольких дней. Выполнение рекомендаций может занять больше времени, но для вас будет гораздо лучше платить от 200 до 450 долларов в час в течение нескольких дней, чем рисковать получить штраф в размере 300 000 долларов за нарушение.

17. Поймите, что ваш экспорт становится импортом, как только он достигает страны назначения. Убедитесь, что вы знаете требования к импорту, применимые к вашему продукту. Например, вы можете правильно экспортировать, но не сможете импортировать, если у вас нет лицензии на импорт или вы не отвечаете другим требованиям в стране назначения.

18. Наконец, если вы никогда не проводите постаудит ваших записей и операций, связанных с экспортом, вы не можете правдиво утверждать, что ваша компания сделала все возможное, чтобы провести надлежащую проверку. Это означает, что вы не делаете минимум для обеспечения соблюдения, что может создать вам проблемы. Поэтому организуйте регулярные программы постаудита, которые особенно важны для соблюдения. Без него вы не сможете вовремя выявить нарушения. Совершение ошибки или нарушения тысячу раз равно тысяче нарушений. Следовательно, рассчитать свой риск легко: 1000 X 300 000 долларов = 3 000 000 долларов плюс шанс попасть в газеты!

ГЛАВА ДЕВЯТАЯ

РАСПРОСТРАНЕННЫЕ ОШИБКИ ЭКСПОРТА

Некоторые бизнесмены начинают экспорт со сложной продукции. Под сложными я имею в виду строго регулируемые продукты, такие как лекарства или медицинское оборудование, продукты питания, косметика и т.д. FDA США или аналогичное агентство в других странах имеет очень конкретные и высокие стандарты качества для этих категорий продуктов. Поэтому, если у вас небольшой бизнес или вы новичок в экспорте, лучше держитесь подальше от таких продуктов, поскольку соблюдение соответствующих правил может оказаться дорогостоящим. Если ваш основной бизнес относится к какой-либо из этих категорий продуктов, в уже должны иметь четкое представление о местных нормативных стандартах. Приложив немного больше усилий, вы можете получить информацию о соответствии для целевых стран. Тем не менее, если вы стартап или эти продукты составляют ваш основной бизнес, не начинайте с ними на международном рынке.

1. **Начинать с трудных стран**
   Аналогичным образом, выходя на международный рынок, рассмотрите возможность выхода на более простые рынки, такие как Канада, Сингапур и Австралия. Экспорт похож на мускул: вы начинаете

с того, что ступаете на более легкий путь, изучая основы и достигая элементарного роста. Со временем вы переходите в более сложные страны. Некоторые неопытные экспортеры предпочитают продавать товары в трудные страны, такие как Бразилия, Аргентина, Индия, Индонезия и другие, которые не приветствуют импорт. Эти страны несут высокие импортные пошлины, что является главным пунктом, когда потенциальные покупатели обсуждают с вами цены на товары. В Бразилии, например, импортная пошлина составляет 100% стоимости CIF. Кроме того, в этих странах существует высокий уровень незащищенности платежей. К сожалению, существует высокий риск неплатежа из-за ненадлежащего правопорядка. В результате даже крупнейшие мировые ритейлеры не будут выполнять заказы в этих странах, если не будет произведена предоплата.

2. **Неправильное представление об экспорте**
Некоторые новые экспортеры считают, что экспорт - это «доставка коробки» за границу. На самом деле это гораздо более широкая концепция, которая включает следующие дополнительные обмены:

- Клиенты, загружающие программное обеспечение за границу;
- Платежи за услуги за рубежом;
- Предоставление товаров для демонстраций;
- Отправка спецификаций / схем по электронной почте иностранному поставщику и / или покупателю; а также
- Наем и предоставление доступа к кодировщикам за рубежом

Примечание: Наем не гражданина США в США или за границей считается экспортом - если вам нужна экспортная лицензия для экспорта в эту страну, вам может потребоваться экспортная лицензия, чтобы нанять гражданина этой страны, даже если он / она проживает в США (это называется «Предполагаемый экспорт»)

3. **Невыполнение законов об импорте / экспорте, несмотря на то, что вы осведомлены о них.**
Наличие процедур и несоблюдение их - еще хуже. Это только открывает дверь для того, чтобы поставить под сомнение ваше намерение обойти закон. Очень важно уважать все законы и соблюдать их.

4. **Не рассматривать бесплатный образец как экспорт**
Некоторые компании не соблюдают свой обычный процесс экспорта при отправке некоммерческих товаров, например бесплатных образцов. В результате они сталкиваются с проблемами на каждом контрольно-пропускном пункте. Если вы отправляете образец товара зарубежному покупателю бесплатно, он все равно считается экспортным. Имейте в виду, что каждый продукт, который вывозится из страны, является экспортным и, следовательно, подлежит любому экспортному контролю, связанному с отгрузкой, передачей и загрузкой.

5. **Продукция из США, проданная за границы**
Вот кое-что, что знают очень немногие бизнесмены: каждый раз, когда товар из США продается в любой части мира, он рассматривается как экспорт из США. Доставка американской технологии из Германии в Гонконг (например) является реэкспортом из США и

должна соответствовать тому же уровню соответствия, что и доставка из США в другую страну. Точно так же в этом примере будут применяться немецкие законы об экспорте.

6. **Продажа в CINSS через другую стран**

Как экспортер США, вы не можете продавать товары ни в одну из стран CINSS - аббревиатуры Кубы, Ирана, Северной Кореи, Сирии и Судана. Как вы могли догадаться, вы также нарушили бы законы США, если бы продавали на Кубу или в любую другую страну CINSS через зарубежную страну.

7. **Отсутствие надлежащей документации**

Одна из наиболее распространенных ошибок при экспорте - это отсутствие записей или неправильное ведение записей. Ваш экспедитор (например, FedEx, UPS, DHL или TNT) ведет учет вашего груза, но это не обязательно гарантирует соблюдение вами применимых норм. Вы не можете полагаться на экспедиторов, которые обычно ведут учет всего от 3 до 6 месяцев. Если вы попытаетесь получить доступ к записям через год, когда того требует правительство, вы вряд ли получите к ним доступ. Настоятельно рекомендуется всегда вести необходимую документацию, чтобы вы могли предоставить ее своевременно, особенно в экстренных случаях. Вы должны хранить свою документацию не менее 5 лет, а в некоторых случаях до 8 лет.

8. **Самостоятельная классификация продуктов**

Не все могут классифицировать товары для экспорта, поскольку большинство из них не знаком с Гармонизированным тарифным планом (HTS) и не имеют опыта в классификации товаров. Если вы полагаетесь на прошлые классификации экспортных товаров, вы, скорее всего, в конечном итоге получите неправильную классификацию, поскольку классификации могут меняться. Есть причина, по которой правительство предоставляет Правила интерпретации классификаций. Следовательно, вам нужен эксперт для проведения классификации и кто-то, кто хорошо разбирается в том, как правительство составляет правила. Обращение за профессиональной помощью - единственное разумное решение.

Также рекомендуется поддерживать базу данных соответствующих продуктов, которая постоянно будет обновляться при любых изменениях в классификациях.

9. **Персонал компании не знает, что он также отвечает за экспорт**

Отдел кадров компании часто знает о визах А1. Но часто они ничего не знают о законах об экспорте. Это неприемлемо. Руководитель отдела кадров и / или отдел должен обладать всесторонними знаниями законодательства об экспорте / импорте.

10. **Полагаться на одного человека во всех вопросах соблюдения экспортных / импортных требований.**

Большинство людей обладают знаниями в одной области, но не имеют информации в другой. Например, большинство людей либо разбирсются в экспорте, либо в импорте, но не многие являются экспертами в обоих направлениях. То же самое относится к внутренним и международным перевозкам: некоторые люди знакомы с законами США, но не знакомы с иностранными законами, что не редкость.

Следовательно, если ваша компания полагается на одного человека для выполнения всех ваших требований по соблюдению требований международной торговли, это представляет значительный риск.

11. Нежелание знать закон

Незнание правил не освобождает от ответственности. Комплексная проверка требует, чтобы вы благовременно выясняли, есть ли у вас проблемы, в то время как правительство также будет более снисходительным, если вы исправите эти проблемы полностью и активно. Отказ от проверки, потому что вы боитесь открыть банку с червями, может поставить под угрозу вашу способность избежать штрафов, воспользовавшись положениями о добровольном самораскрытии /предварительном раскрытии информации.

Хуже того, это может поместить вас в список грубо небрежных, а не небрежных (или мошенников), потому что ваша компания даже не удосужилась узнать о правилах. Если ваша компания достаточно велика, чтобы иметь финансовый отдел, тогда у нее должна быть программа соответствия.

12. Считать соблюдение центром затрат

Соблюдение требований не является центром затрат. Это инструмент эффективности. Если ваша компания может эффективно работать в нескольких странах, у вас будет к преимущество перед конкурентами. Таким образом, не рассматривайте соблюдение как центр затрат - считайте его своим оружием эффективности.

13. Отсутствие подачи в CCATS

CCATS (Автоматизированная система отслеживания классификации товаров) - это письменное разрешение от правительства, которое поможет вам определить, что и куда вы можете экспортировать. Для некоторых продуктов вы должны подать заявку на CCAT, а для других - добровольно. Многие экспортеры полностью игнорируют это, подвергая себя значительному риску.

14. Отсутствие проверки клиентов и заказов в списке запрещенных лиц (DPL)

Правительство США и их союзные страны разработали обширные списки компаний, лиц и стран, с которыми вам не следует работать и которые влекут за собой большие денежные штрафы. Кроме того, вы не хотите поддерживать этих преступников, террористов или правительства, которые их поддерживают.

15. Пренебрежение обращением за помощью или отказ от консультантов

Я знаю, что консультанты дорогие, в этом нет сомнений. Однако консультант сможет подготовить вашу компанию к успеху за считанные дни, снизив при этом риск дорогостоящих ошибок. Рентабельность инвестиций в ваше предприятие за несколько дней окупится.